中等职业教育课程改革国家规划新教材配套教材

Tumu Gongcheng Shitu Xitiji

土木工程识图习题集
（道路桥梁类）

（第2版）

杨翠花　主编

人民交通出版社股份有限公司
China Communications Press Co.,Ltd.

内 容 提 要

本习题集与《土木工程识图(道路桥梁类)》(第2版)配套使用。

本书是中等职业教育课程改革国家规划新教材配套教材。主要内容包括:制图基础知识、投影的基本知识、形体的投影、轴测投影、剖面图和断面图、公路工程图的识读、桥梁工程图的识读、涵洞工程图的识读,共8个单元。

本书可作为全国中等职业学校公路与桥梁及相关专业的教学用书,也可作为行业从业人员培训教材或参考用书。

中等职业教育课程改革国家规划新教材配套教材

书　　名:	土木工程识图习题集(道路桥梁类)(第2版)
著 作 者:	杨翠花
责任编辑:	刘　倩
责任校对:	赵媛媛
责任印制:	张　凯
出版发行:	人民交通出版社股份有限公司
地　　址:	(100011)北京市朝阳区安定门外外馆斜街3号
网　　址:	http://www.ccpcl.com.cn
销售电话:	(010)59757973
总 经 销:	人民交通出版社股份有限公司发行部
经　　销:	各地新华书店
印　　刷:	北京虎彩文化传播有限公司
开　　本:	787×1092　1/16
印　　张:	4.25
字　　数:	98千
版　　次:	2011年4月　第1版
	2019年6月　第2版
印　　次:	2024年6月　第2版　第5次印刷　总第13次印刷
书　　号:	ISBN 978-7-114-15520-8
定　　价:	15.00元

(有印刷、装订质量问题的图书由本公司负责调换)

图书在版编目(CIP)数据

土木工程识图习题集. 道路桥梁类 / 杨翠花主编. — 2版. — 北京:人民交通出版社股份有限公司,2019.6
ISBN 978-7-114-15520-8

Ⅰ. ①土…　Ⅱ. ①杨…　Ⅲ. ①土木工程—建筑制图—识图—中等专业学校—习题集②道路工程—土木工程—建筑制图—识图—中等专业教育—习题集③桥梁工程—土木工程—建筑制图—识图—中等专业教育—习题集　Ⅳ. ①TU204-44②U412-44

中国版本图书馆CIP数据核字(2019)第083129号

前　　言

本习题集是《土木工程识图（道路桥梁类）》（第2版）配套用书。其内容深度及顺序紧扣教材，具有难易适中、紧扣专业、强化技能的特点。

本习题集内容采用国家最新制图标准，是在总结编者多年教学改革经验和成果的基础上编写而成。本习题集内容丰富，根据中(高)职院校学生的自身特点，习题的设计以侧重于培养学生的看图能力，所选题目既有代表性又有典型性，既有传统题目又有创新题目，为教师在教学过程中有选择性讲解和学生在学习过程中多层次练习提供了方便，充分体现出"教、学、做"一体化教学理念。

本习题集内容包括：制图基础知识、投影的基本知识、形体的投影、轴测投影、剖面图和断面图、路线工程图的识读、桥梁工程图的识读、涵洞工程图的识读。

本习题集由河南省交通高级技工学校杨翠花编写。

由于时间仓促，书中难免存在缺点和错误，欢迎读者批评指正。

编　者
2019年4月

目 录

作业说明	1
单元1 制图基础知识	3
单元2 投影的基本知识	11
单元3 形体的投影	33
单元4 轴测投影	43
单元5 剖面图和断面图	47
单元6 公路工程图的识读	57
单元7 桥梁工程图的识读	58
单元8 涵洞工程图的识读	60

作 业 说 明

一、目的

1. 正确使用制图工具及仪器。
2. 练习线型画法、圆弧连接、字体写法以及尺寸数字的注写方向等。
3. 初步掌握制图基本规格(如图纸幅面、线型、字体、比例、尺寸注法等)。
4. 掌握比例尺的用法。

二、内容

1. 图纸:用 A3 图幅,铅笔抄绘。

图纸标题栏格式及大小见课本尺寸。

2. 比例:"线型",2∶1(尺寸从图中量取);"搭钩",2∶1;"拱顶",1∶20;"道路交叉口",比例自定。
3. 图线:基本粗实线 $b≈0.7mm$;细实线 $0.35b≈0.25mm$;虚线 $0.5b≈0.35mm$。
4. 字体:汉字应写成长仿宋体。各图图名汉字写 7 号;比例数字写 3.5 号(直体、斜体均可,但在同一张图纸中要一致);尺寸数字和拉丁字母写 2.5 号或 3.5 号,但在同一张图上要一致。

图纸标题栏中的校名、图名写 7 号,其余汉字均写 5 号,日期数字写 2.5 号或 3.5 号。

5. 绘图质量:作图准确,图面布置匀称;图线粗细分明,同类线型的宽度应保持一致。直线与圆弧、圆弧与圆弧连接必须准确求出圆心和切点位置,要求连接光滑圆顺。书写长仿宋体汉字时,应先画轻细的格子线;数字和字母,应先画好两条字高线。字体要认真书写,做到整齐、端正。

三、说明

1. 抄绘中应重新布置各分图的位置。
2. 按 A3 图幅的规格和规定的图纸标题栏格式,用铅笔先画(轻、细)图框、图标底稿线,然后合理布置图面,画出每个图的底稿。经校对无误后，再用 HB 或 B 铅笔加深粗实线，用 HB 铅笔加深细线（包括尺寸线、尺寸界线），最后标写尺寸数字和书写汉字。注意数字和字母应按教材要求去写。

3. 尺寸线与轮廓线或平行尺寸线间的距离约为 6mm，同一张图纸中这种间距必须保持相等，尺寸线一端离轮廓线 1~3mm，尺寸线与尺寸界线相互超出 2~3mm，不宜太远。

4. 不论用铅笔加深或墨线笔描绘都应正确使用制图工具和仪器来进行（例如所有横向水平线都用丁字尺配合图板来绘制，垂直线应用三角板配合丁字尺来绘制等）。注意画图前应学好教材中单元 1 的"基本制图标准""几何作图"及"制图的步骤和方法"。

单元 1　制图基础知识

1-1　字体练习（一）。

1-2 字体练习(二)。

比□地□线□民□室□审□斜□学□

桥梁高差角度单位测量□结构施工设计平纵横
公里毫米等分涵洞面轴□剖截线型比例尺寸说

ABCDEFGHIJKLMNOPQRSΦ   0123456789

1-3 字体练习(三)。

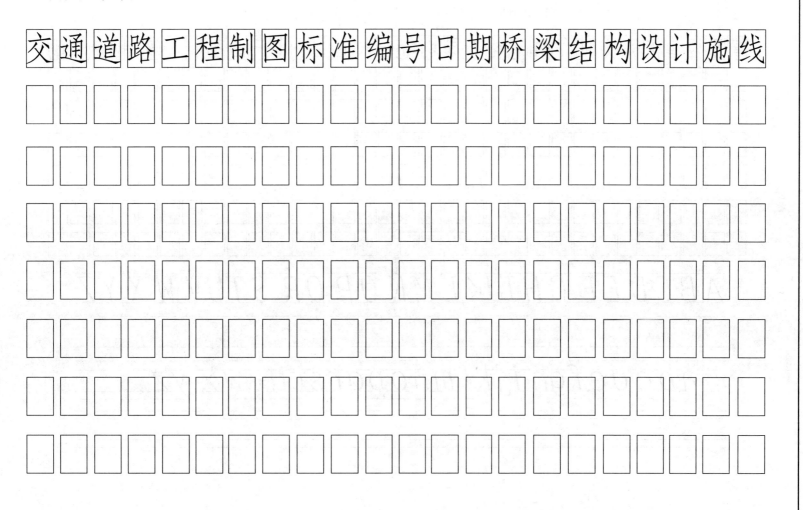
交通道路工程制图标准编号日期桥梁结构设计施线

1-4 字体练习(四)。

横平竖直起落分明笔锋满格布局均匀土木金上下水三曲垂料机部钢墙以砌

ABCDEFGHIJKLMNOPQRSTUVWXYZ

abcdefghijklmnopqrstuvwxyz

1-5 字体练习(五)。

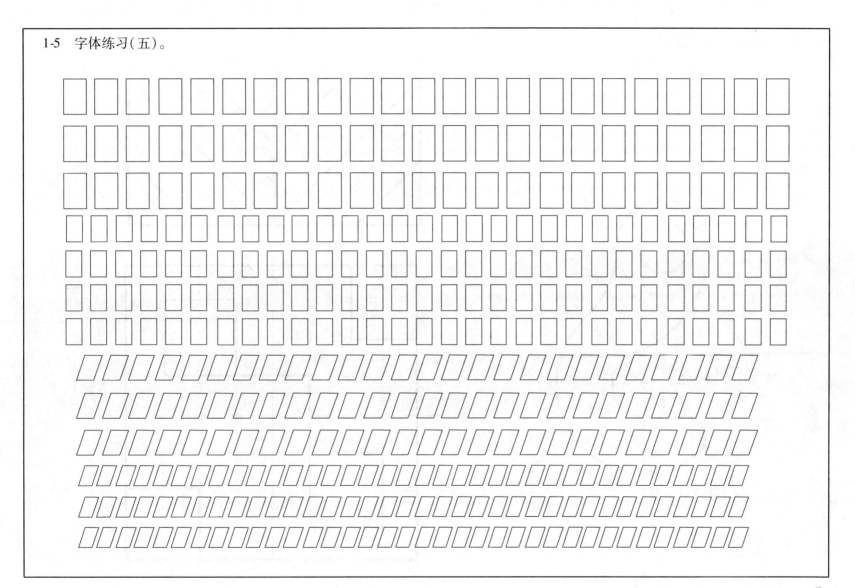

1-6 线型练习和尺寸标注。

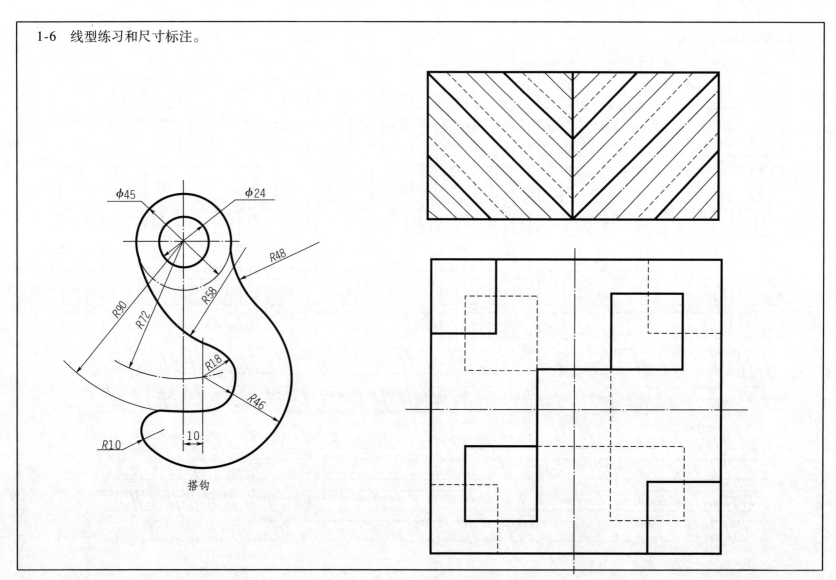

搭钩

1-7　几何作图（一）。

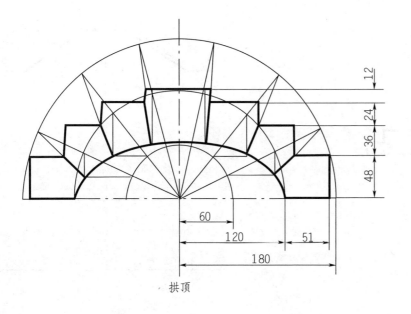

拱顶

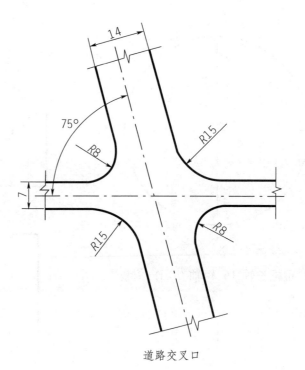

道路交叉口

注：本图尺寸单位以米(m)计。

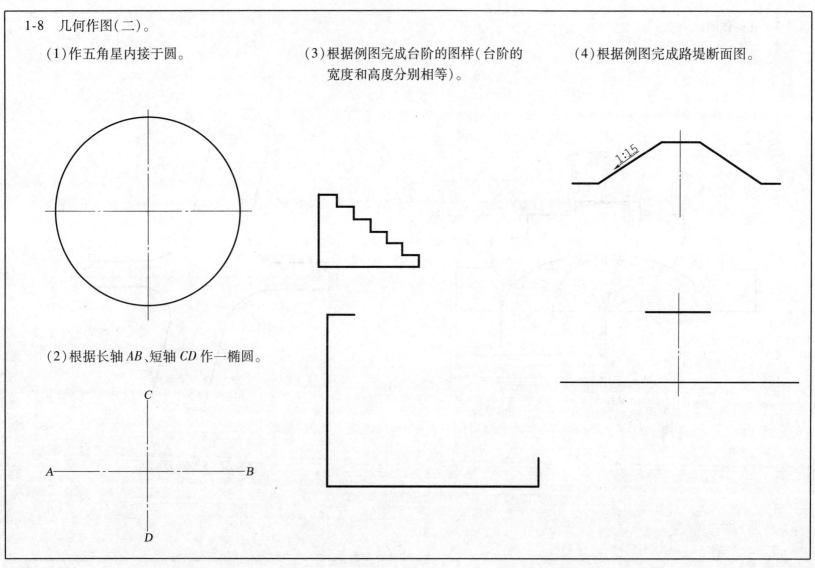

单元 2 投影的基本知识

2-1 （1）将立体图与投影图对应编号。

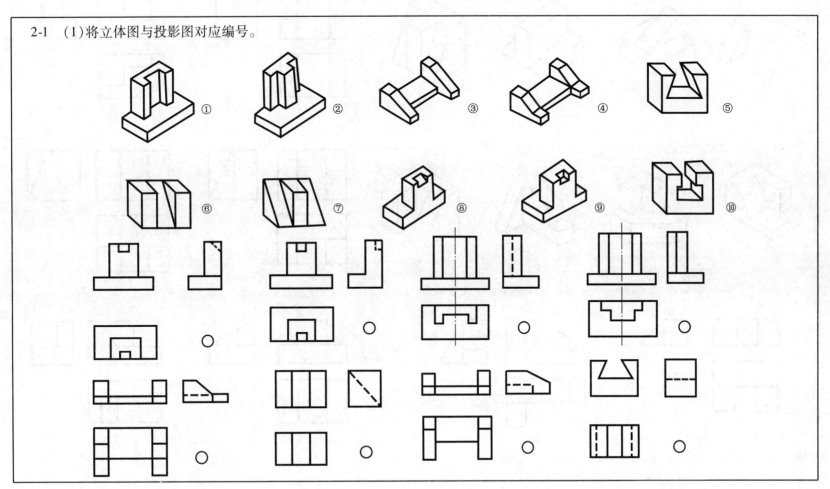

(2)将立体图与投影图对应编号。

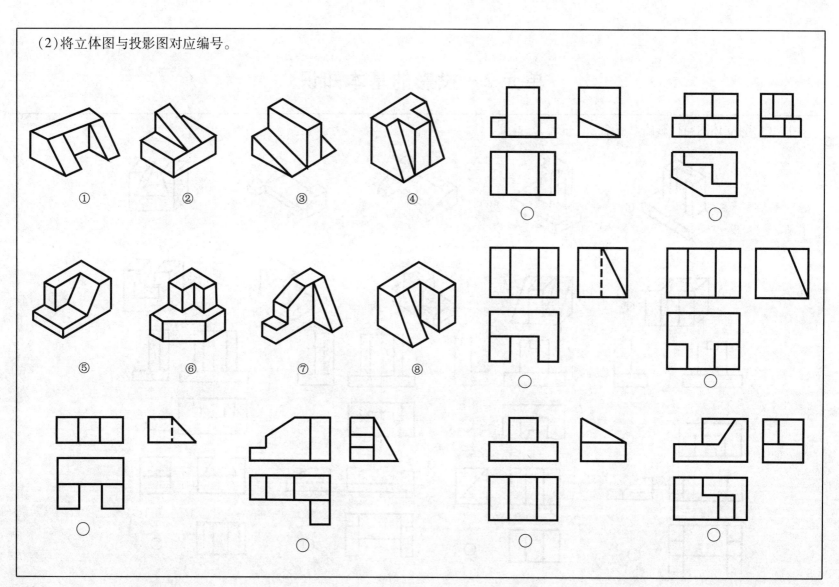

2-2　（1）已知形体的两面投影，补画其第三面投影（一）。

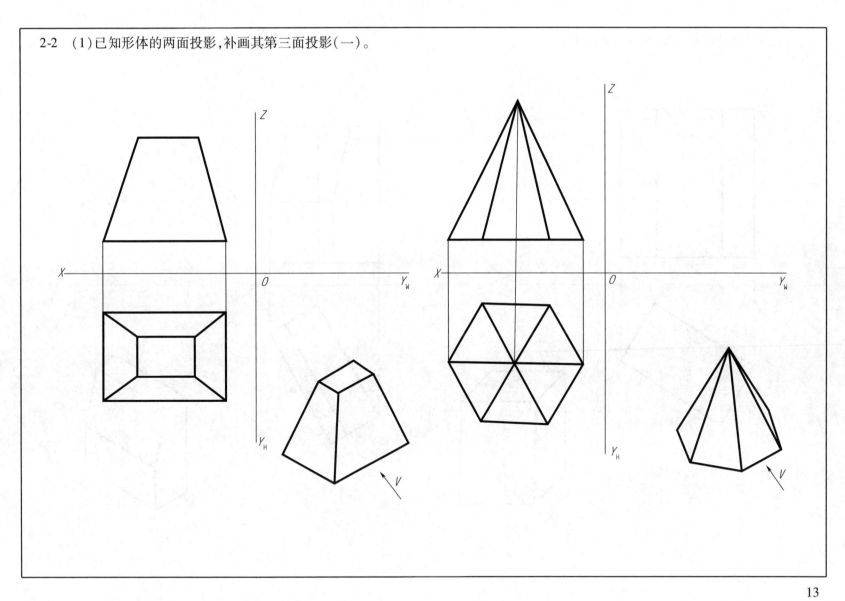

13

(2)已知形体的两面投影,补画其第三面投影(二)。

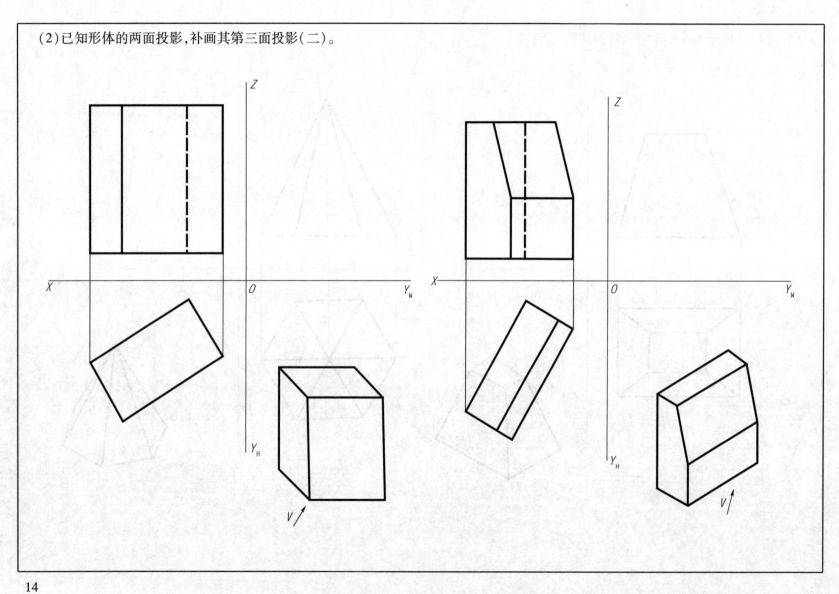

2-3 根据立体图将投影图中的漏线补齐。

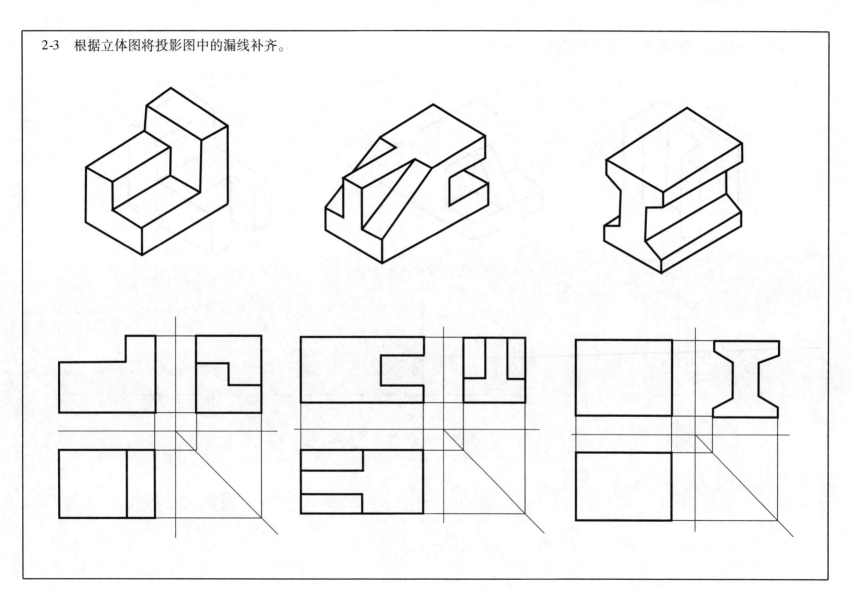

2-4 （1）由立体图画出形体的三面投影图（按1:1画出）。

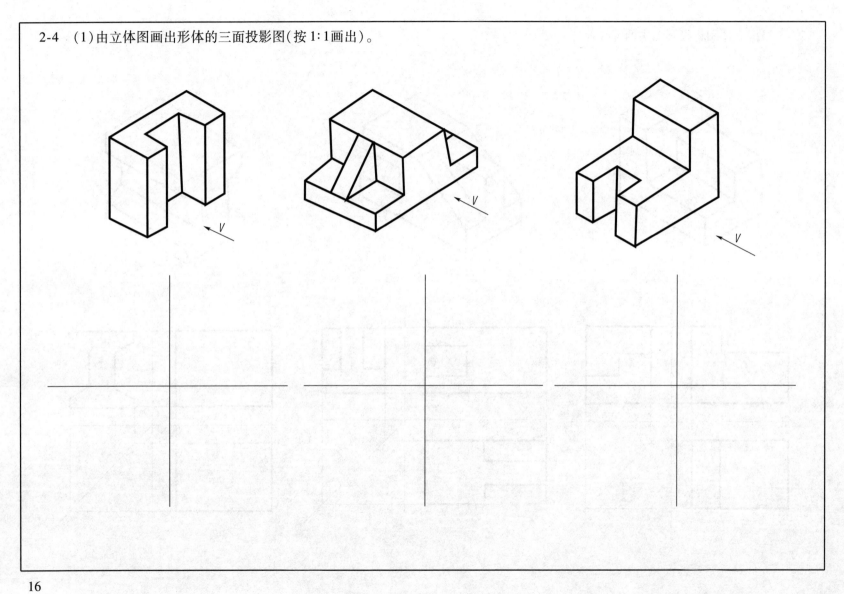

(2)由立体图画出形体的三面投影图(按1:1画出)。

①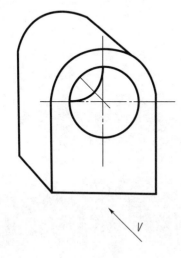

②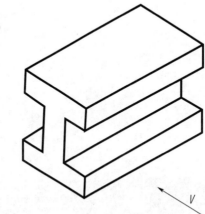

17

(3)由立体图画出形体的三面投影图(按1:1画出)。

①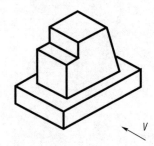

②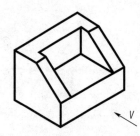

③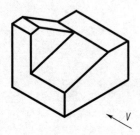

④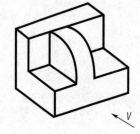

2-5 已知 A、B 两点的立体图,求作其投影图,并从图中量取各点的坐标值,填入下面括号内。

2-6 已知 A(10,20,15)、B(20,20,0)、C(25,0,25) 三点的坐标,试作出它们的投影图和立体图。

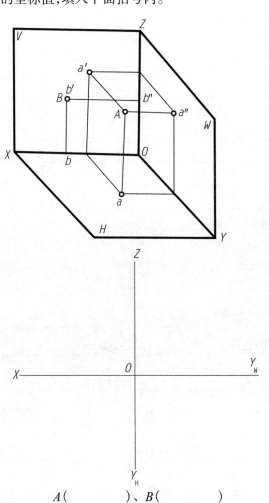

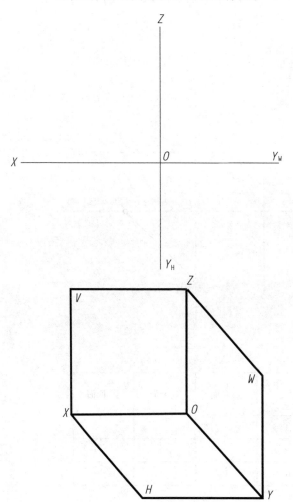

A(　　　)、B(　　　)

2-7 已知 A、B、C 三点的两面投影,求第三面投影,并在表中填入各点到投影面的距离,单位:mm(尺寸从图中量取,取整数)。

2-8 判断点的空间位置。

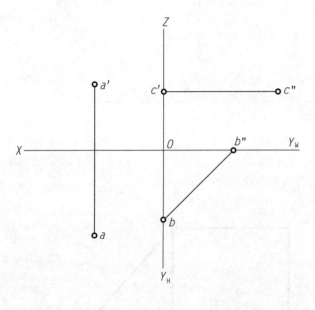

距离 已知点	到 H 面	到 V 面	到 W 面
A			
B			
C			

空间点 坐标	A	B	C	D
X	25	35	0	30
Y	15	20	35	0
Z	35	0	0	20

A 点在_____ B 点在_____

C 点在_____ D 点在_____

_____点最高 _____点最低

_____点最前 _____点最后

_____点最左 _____点最右

2-9 补齐下列两图的投影轴。

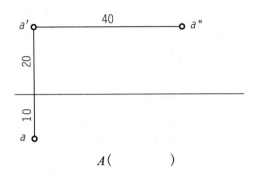

A( )

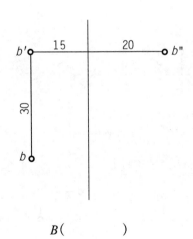

B( )

2-10 已知点 $A(30,25,20)$,B 点在 A 点的正上方 10mm,C 点在 A 点的正后方 15mm。求 A、B、C 三点的投影,并判别重影点的可见性。

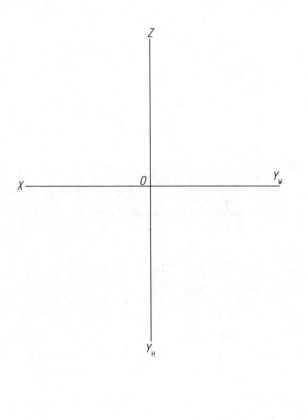

2-11 已知 A、B、C、D 四个点的两面投影,求第三面投影,并从图中量取各点的坐标(取整数),填入表内。

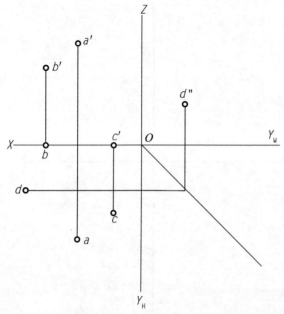

点名	A	B	C	D
X				
Y				
Z				

2-12 判断下列投影图是否正确,正确画√,错误画×。

(1) $A(0,8,0)$

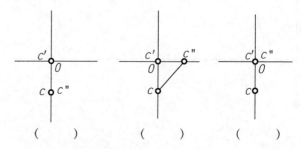

(　)　　(　)　　(　)

(2) 一般位置点 B、C

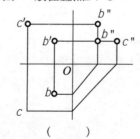

(　)

(3) D、E、F 分别在 H、V、W 面上

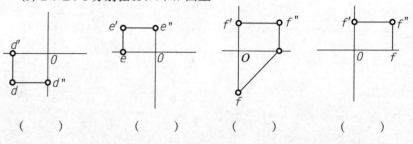

(　)　　(　)　　(　)　　(　)

2-13 已知 A、B 两点的投影，试比较它们的相对位置（上下、前后、左右），并说明它们的空间位置（相对投影面）。

2-14 补画形体的第三面投影，并在投影图上标出对应点的位置，判别重影点的可见性。

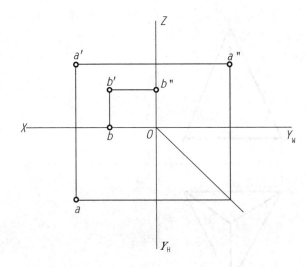

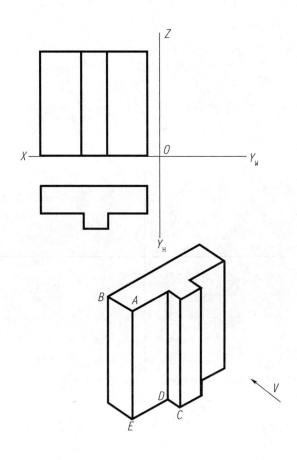

A 点在 B 点之＿＿＿＿＿＿＿＿

A 点在 B 点之＿＿＿＿＿＿＿＿

A 点在 B 点之＿＿＿＿＿＿＿＿

A 点为＿＿＿＿＿＿＿＿

B 点为＿＿＿＿＿＿＿＿

2-15 已知直线两端点 $A(30,10,30)$、$B(10,25,0)$，试作出直线的三面投影图。

2-16 求出三棱锥的第三面投影，并将各棱线与投影面的相对位置(什么位置直线)填入表内。

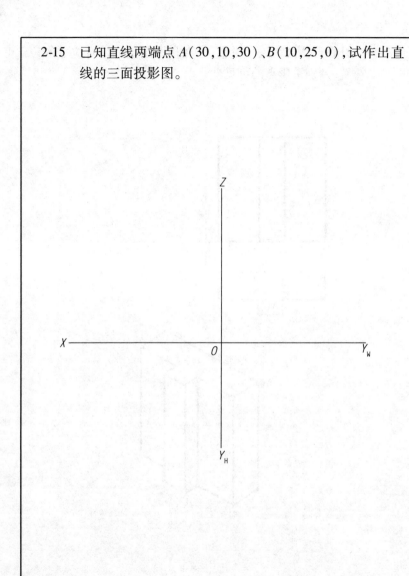

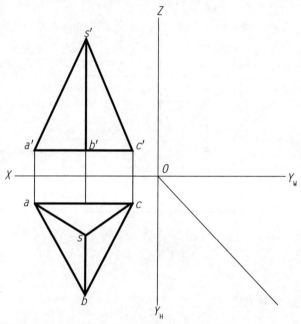

直　　线	与投影面的相对位置
SA	
SB	
SC	
AB	
BC	
AC	

2-17 识读棱块的三面投影,分别说明 AB、BD、CD、EF 直线与投影面的相对位置。

2-18 已知直线 AB、CD、EF、GH 的长度均为 15,其中:$AB/\!/H$,$\beta=45°$,$CD\perp H$,$EF\perp W$,$GH/\!/W$,$\beta=60°$。在下面的投影图中,作出各直线的三面投影(每直线只作一解)。

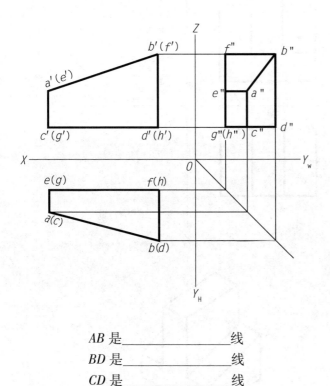
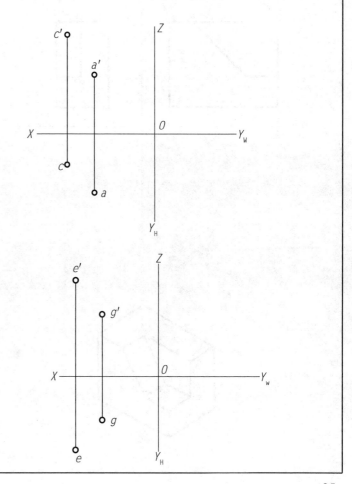

AB 是＿＿＿＿＿＿线

BD 是＿＿＿＿＿＿线

CD 是＿＿＿＿＿＿线

EF 是＿＿＿＿＿＿线

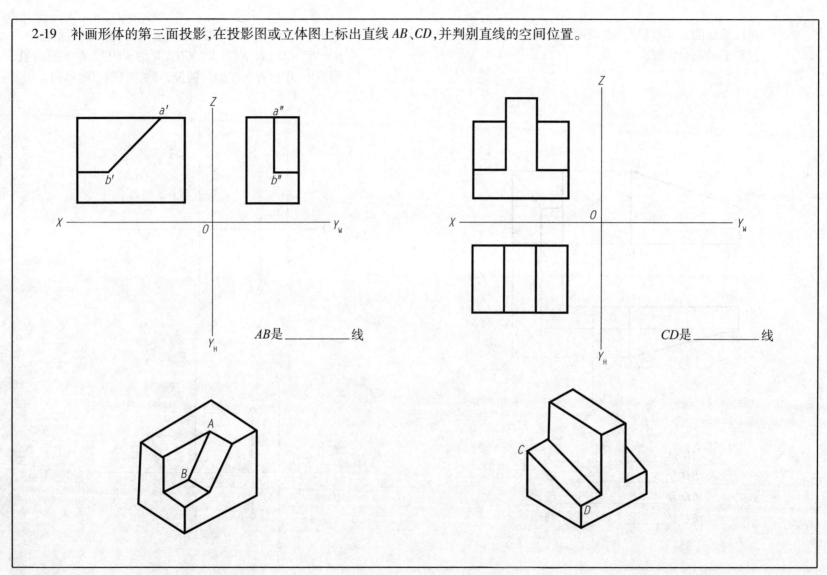

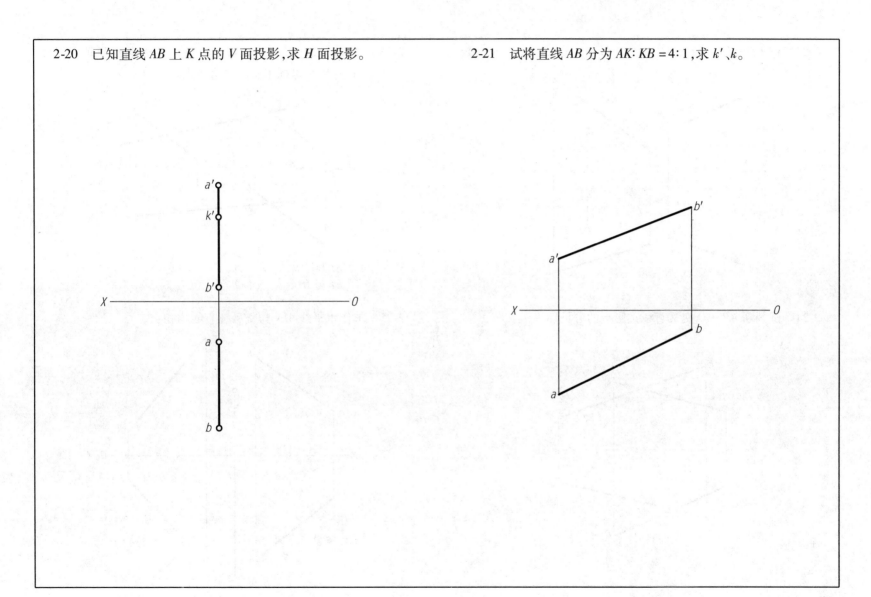

2-22 作 EF 直线平行于 AB，问 EF 和 CD 是否相交？（　　）

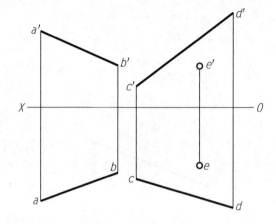

2-23 试判断 AB、CD、EF 三直线的相对位置，将结果填入括号内，并用字母标出交点或重影点。

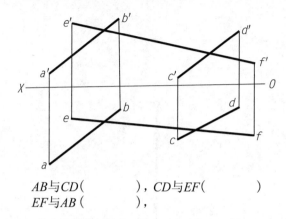

AB 与 CD（　　　），CD 与 EF（　　　）
EF 与 AB（　　　），

2-24 试判断 AB、CD 交叉直线重影点的可见性。

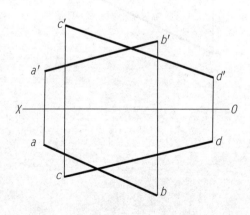

2-25 求作水平线 MN 与交叉三直线均相交。

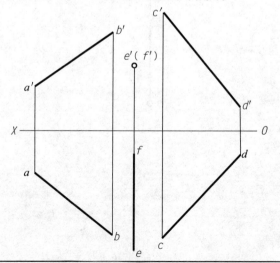

28

2-26 作直线与 AB、CD 相交于 M、N 两点，MN∥V，且距 V 面 15mm。

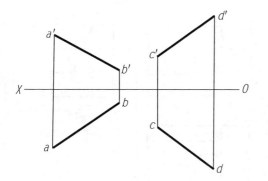

2-27 过点 E 作一直线 MN 与已知两交叉直线 AB、CD 都相交。

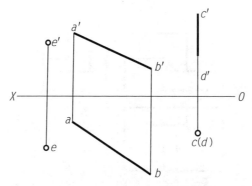

2-28 过 C 点作一直线 CD∥AB，且 D 点与 B 点同高。

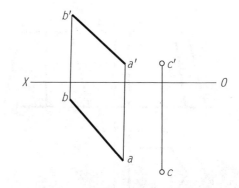

2-29 过点 K 作一直线与 AB 相交，使交点 M 与 V、H 面等距。

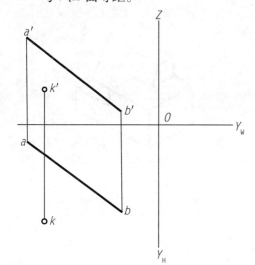

2-30 过点 C 作直线 CD，使其同时与 AB 及 OY 轴相交。

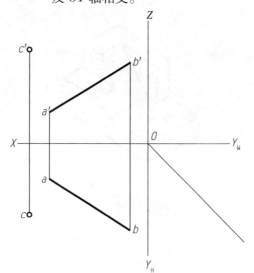

2-31 作一直线与直线 AB、CD 相交于 M、N 两点，且平行于直线 EF。

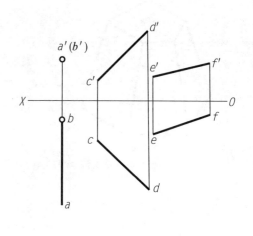

2-32 根据立体图，在三面投影图中，按 P 面的形式标出指定平面的投影，并指出平面的位置名称。

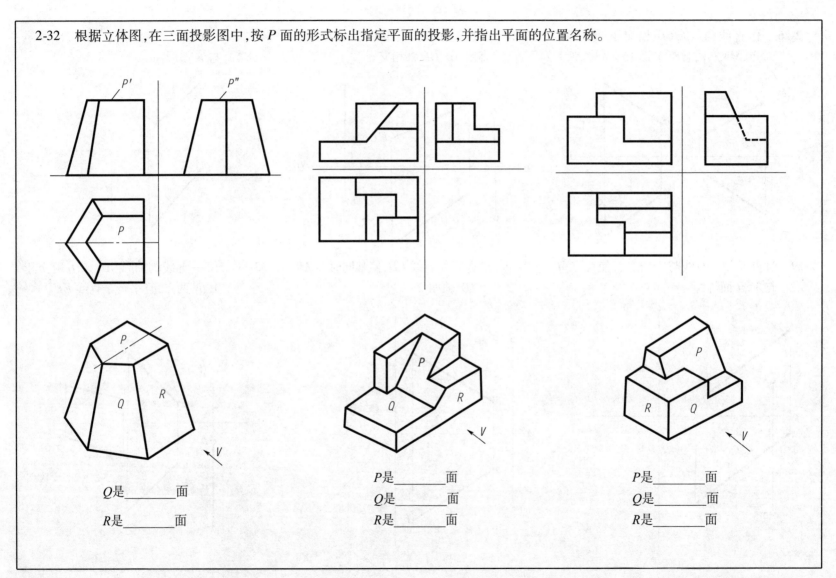

Q是_____面　　P是_____面　　P是_____面
R是_____面　　Q是_____面　　Q是_____面
　　　　　　　　R是_____面　　R是_____面

2-33 已知正三棱锥体的两面投影,求其第三面投影,试将各棱面的名称(是什么位置面)填入表内。

2-34 已知矩形 ABCD 为侧垂面,与 H 面倾角 α = 30°,求作矩形 ABCD 的 V 面和 W 面投影(只求一解)。

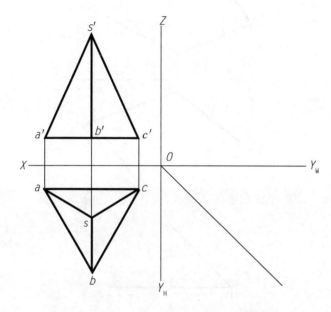

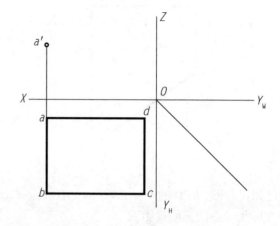

2-35 已知等腰直角三角形 ABC 为水平面,并知一直角边 AB 的两面投影,且 ∠A = 90°,求此三角形的三面投影。

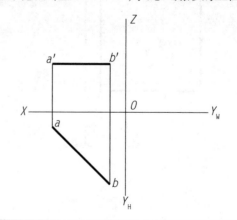

平　面	名　称
SAB	
SBC	
SCA	
ABC	

2-36 已知正方形为水平面,并知其对角线 AB 的 V、H 面投影,完成正方形的两面投影。

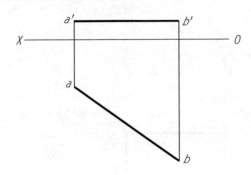

2-37 完成平面图形 ABCD 的两面投影。

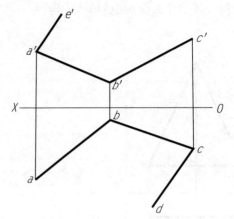

2-38 已知正方形 ABCD 的 V 面,该平面上有一点 E,试完成正方形及 E 点的三面投影。

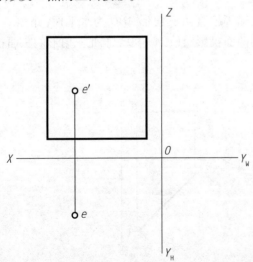

2-39 完成平面图形的正面投影。

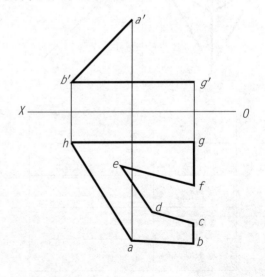

单元 3 形体的投影

3-1 根据已知条件,作出基本体的三面投影。

(1) 正三棱柱,高为 20mm。　　(2) T 形柱,长为 20mm。　　(3) 圆管,高为 20mm。

(4) 圆锥,高为 15mm。　　(5) 半球与圆柱,球的半径为 12mm,圆柱高为 10mm。　　(6) 圆台与棱台,高为 15mm。

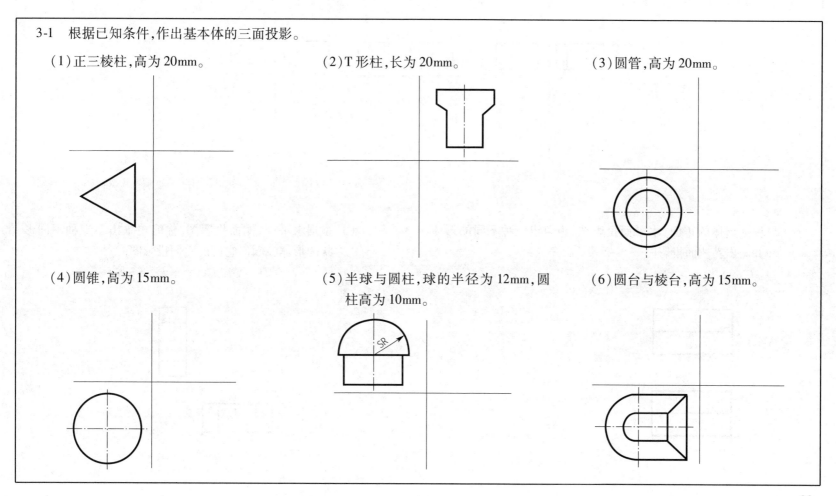

3-2 根据想象,画出形体的投影图。

(1) 根据正面、侧面投影图,想象出三种不同形状的形体,并画出它们的水平投影图。

(2) 根据形体的正面、水平面投影图,想象出三种不同的形体,并画出其侧面投影图。

(3) 根据水平面、侧面投影图,你能想象出多少种不同形状的形体?画出它们的立面投影图。

3-3 补全形体及其表面上点、线段的三面投影。

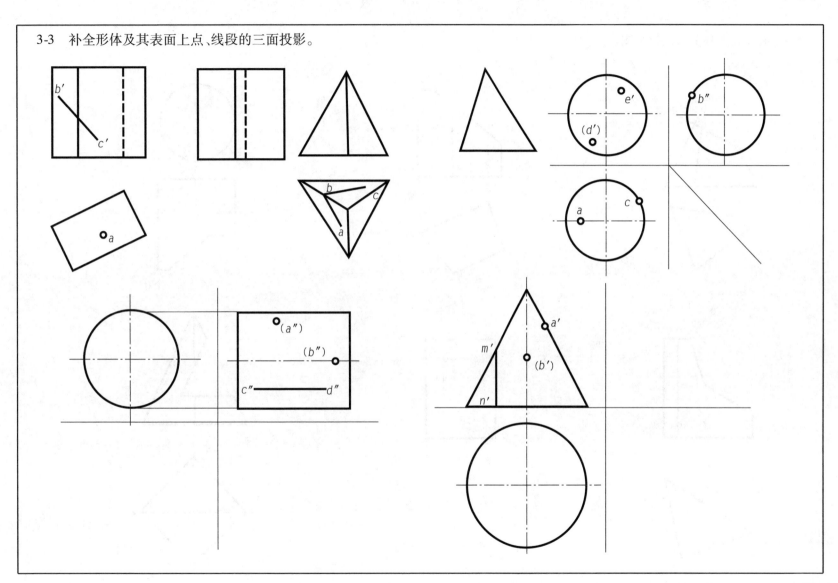

3-4 补全切割体的三面投影图。

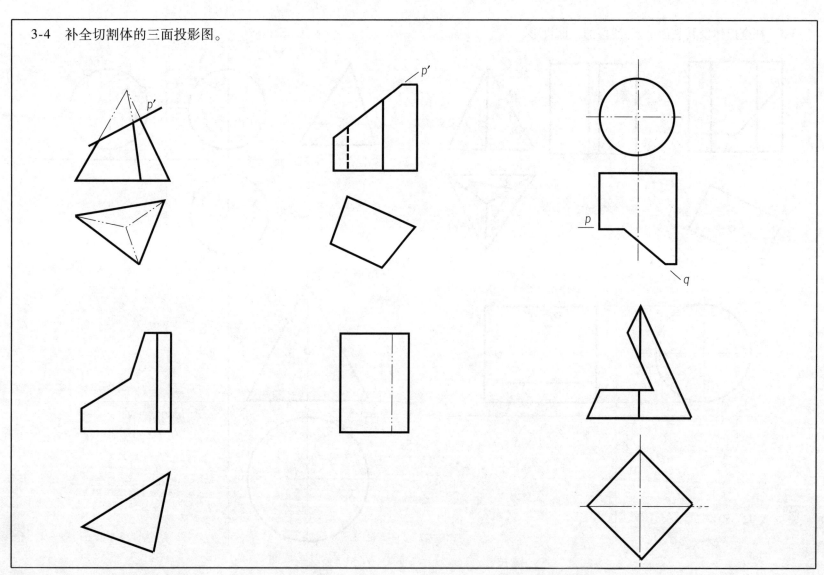

3-5 根据立体图画其三面图,并标注尺寸,单位:mm(尺寸从立体图上量取)。

3-6 由立体图画其三面图,并标注尺寸,单位:mm(尺寸从立体图上量取)。

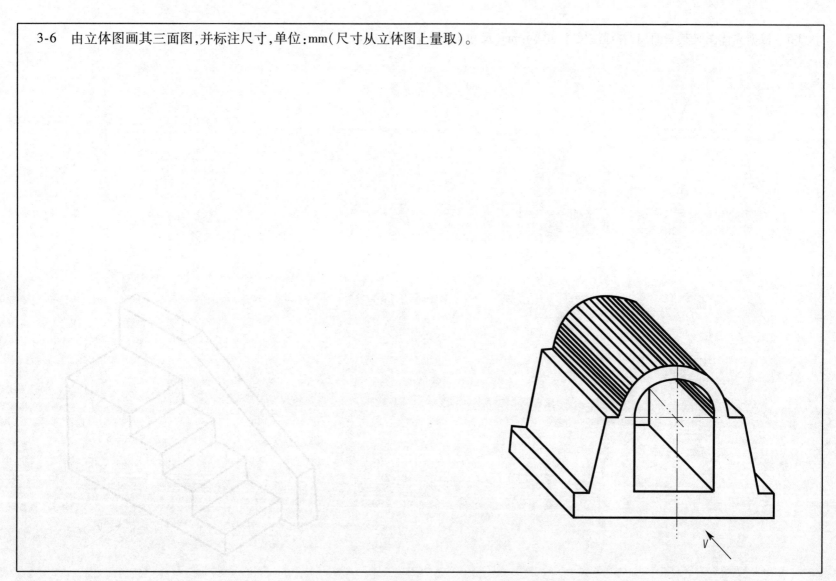

3-7 根据形体的两面投影图，补画其第三面投影。

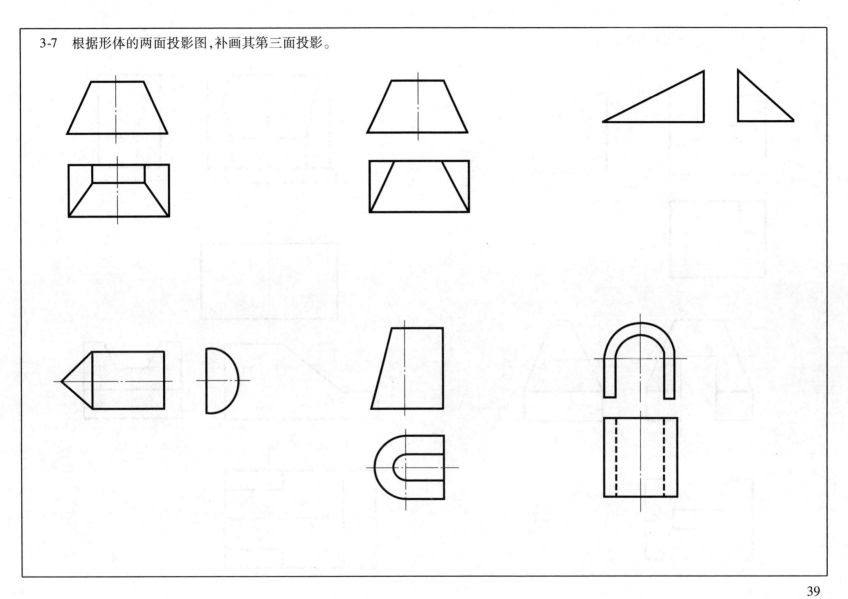

3-8 （1）读三面图，补画图中所缺的线。

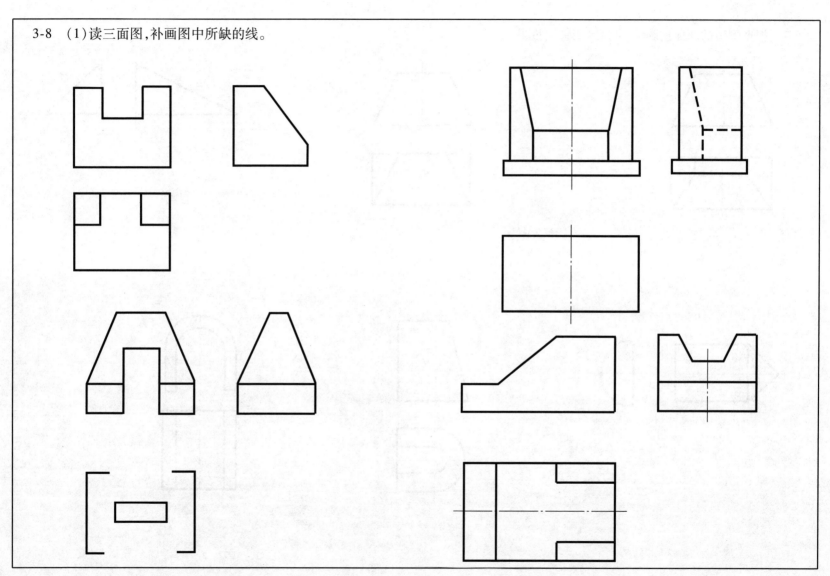

(2)读三面图,补画图中所缺的线。

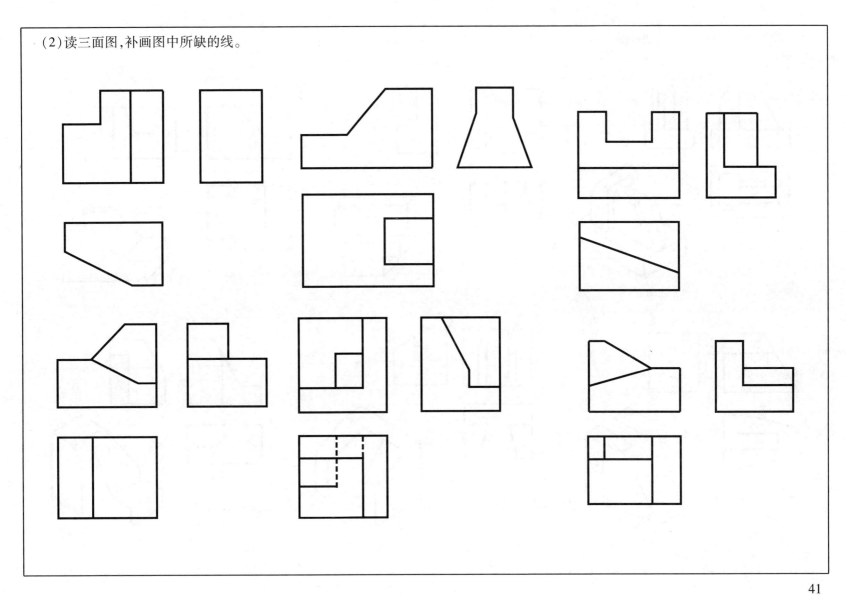

(3)读三面图,补画图中所缺的线。

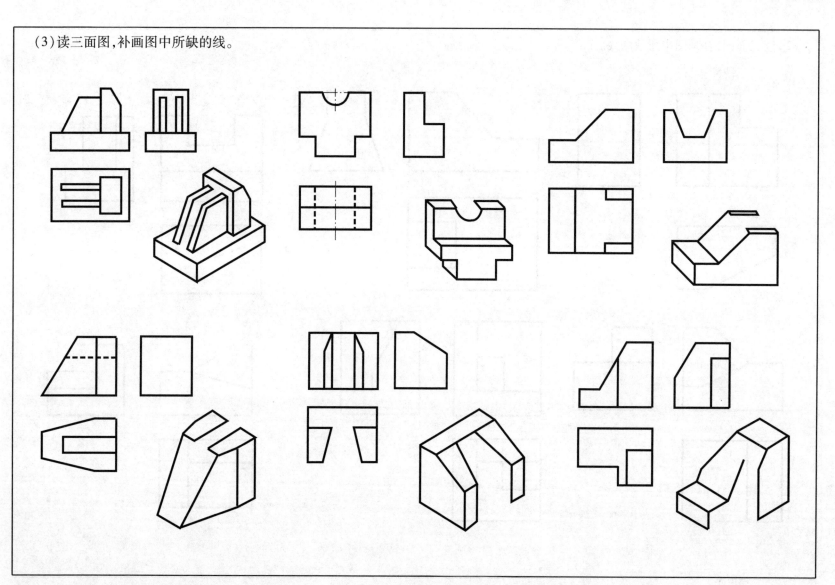

单元 4 轴测投影

4-1 画出下列投影的正等测图。

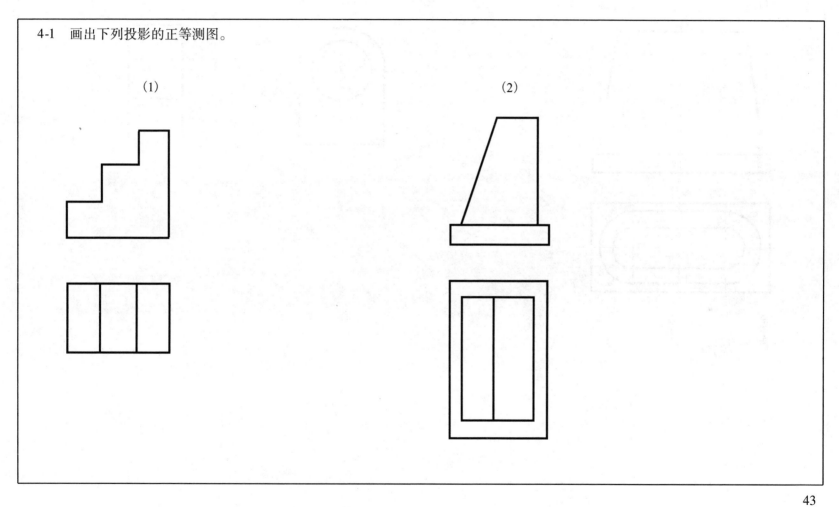

(1)　　　　　　　(2)

4-2 作正等测投影图。

(1)　　　　　　　　　　　　　　　　　(2)

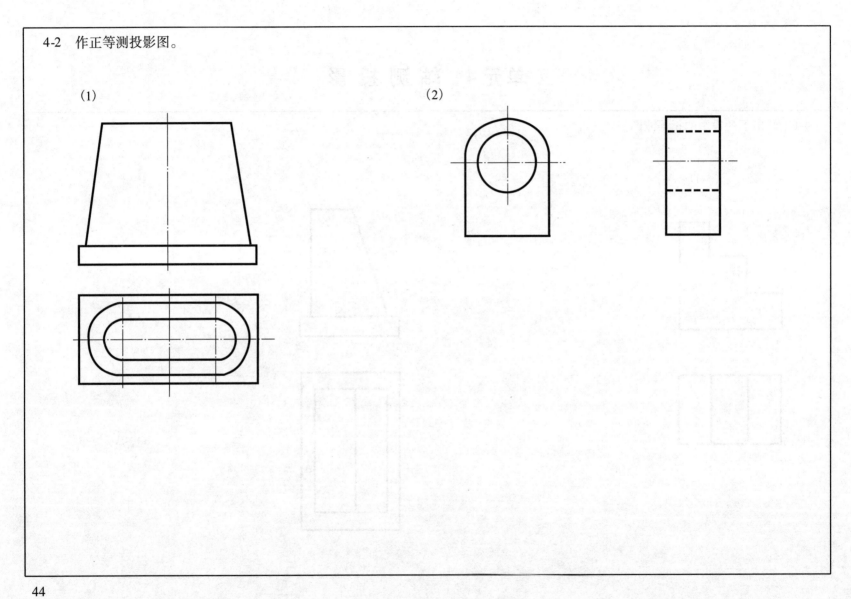

4-3 画出下列投影图的斜等测图。

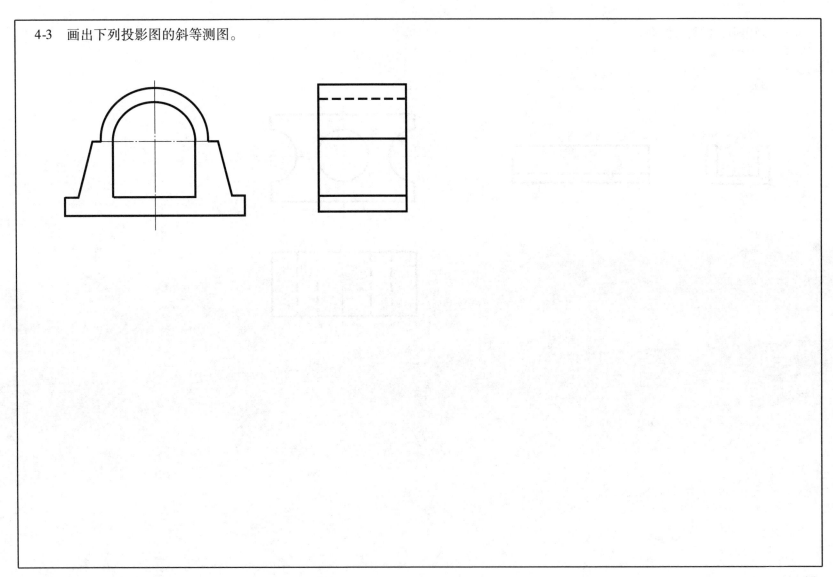

4-4 画出形体的斜二测图。

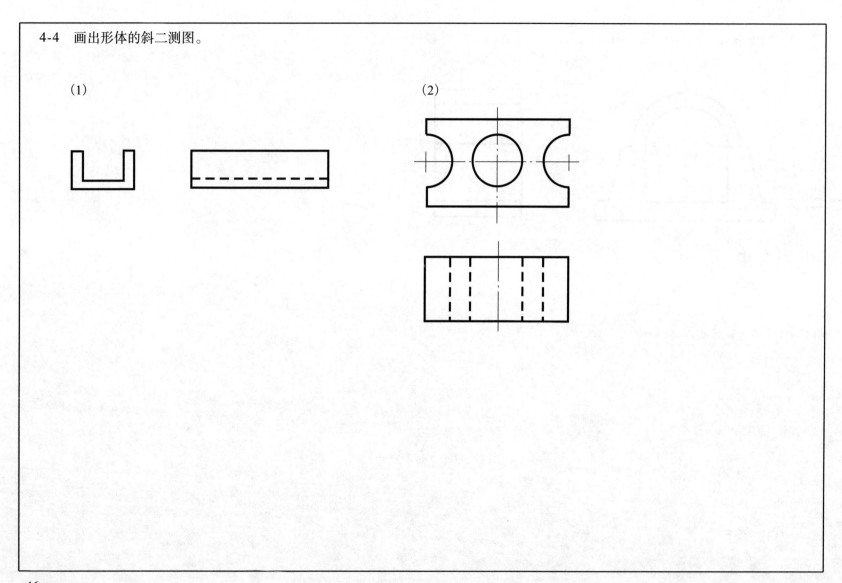

单元 5　剖面图和断面图

5-1　作 1—1 剖面图。

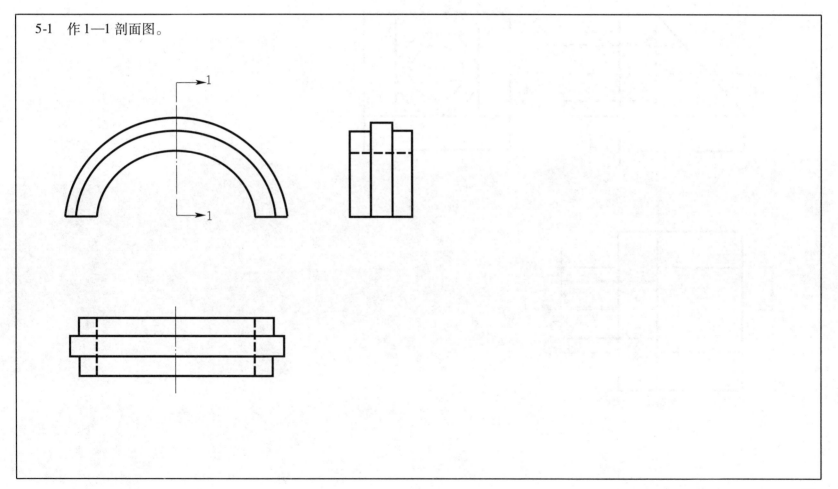

5-2 作1—1剖面图、2—2剖面图和3—3断面图。

5-3 将沉井的 V 面投影画成半剖面图；W 面投影画成 1—1 剖面图。

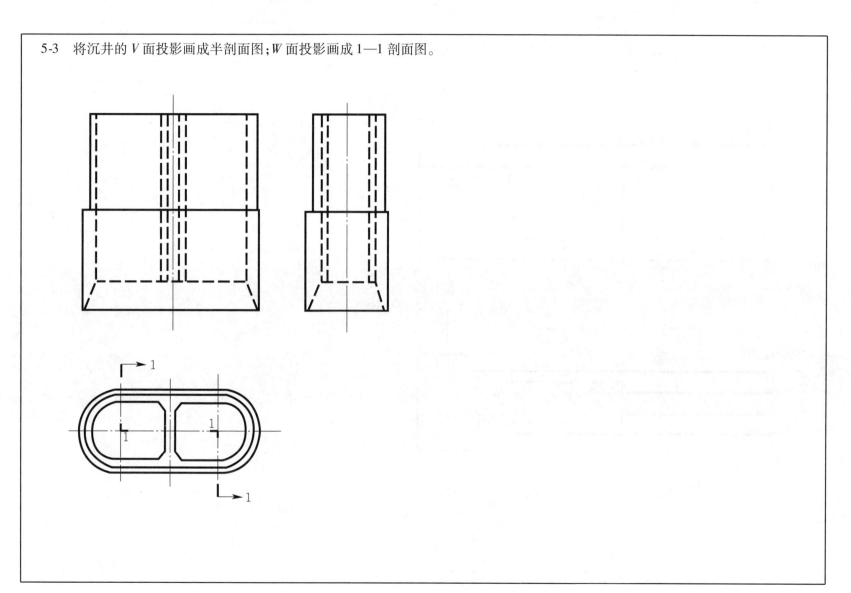

5-4 已知变截面T形梁的两面投影，作1—1剖面图和2—2断面图。

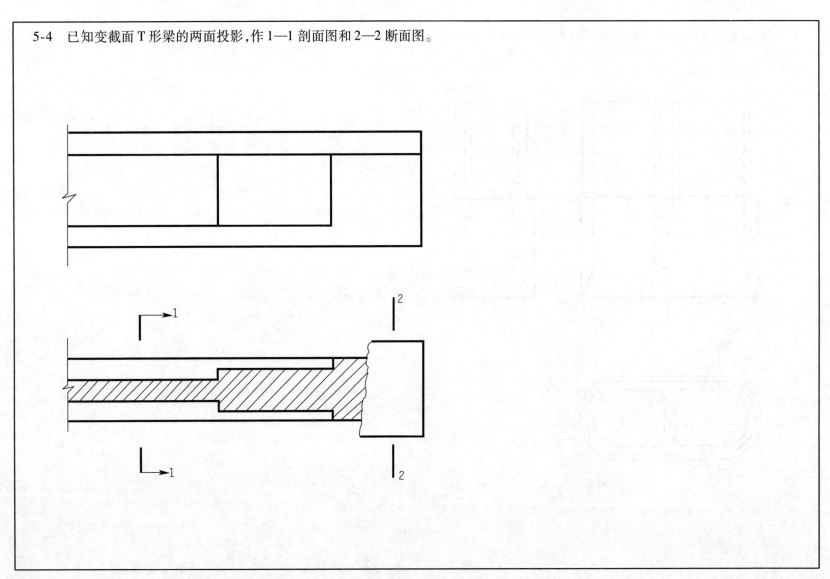

5-5 画出 V 面投影及指定位置的断面图。

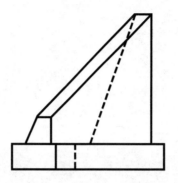

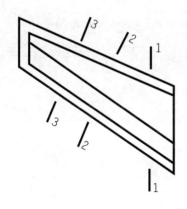

5-6 画出指定位置的剖面图和断面图。

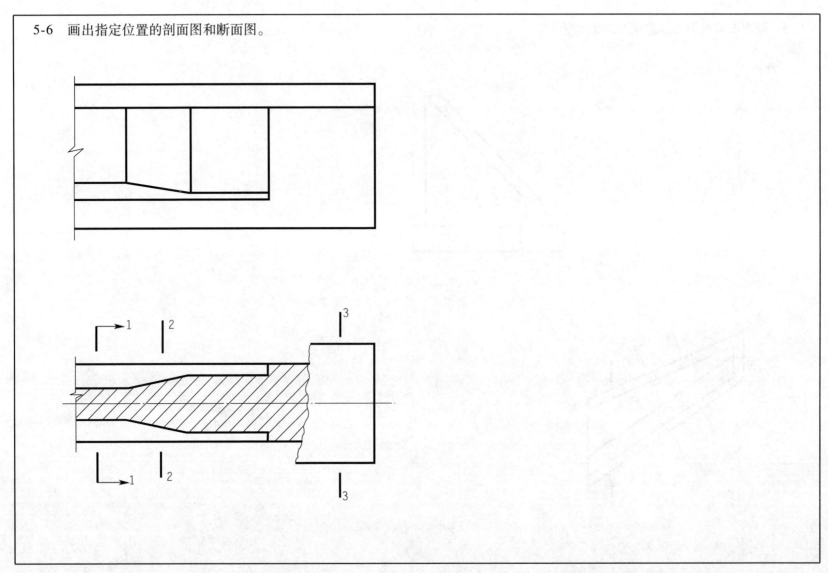

5-7 根据图 a)的移出断面图,分别在图 b)中画出中断断面图和在图 c)中画出重合断面图。

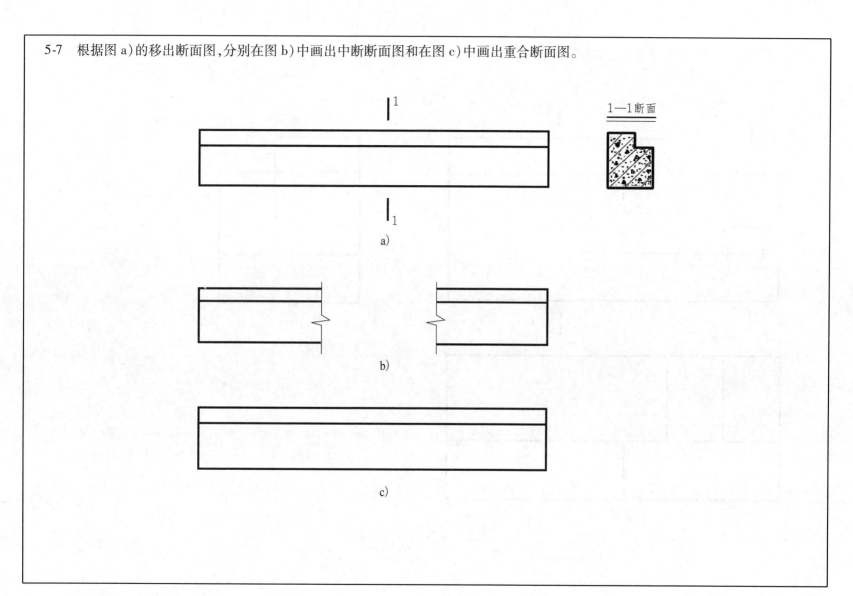

5-8 作形体 1—1 剖面图和 2—2 断面图。

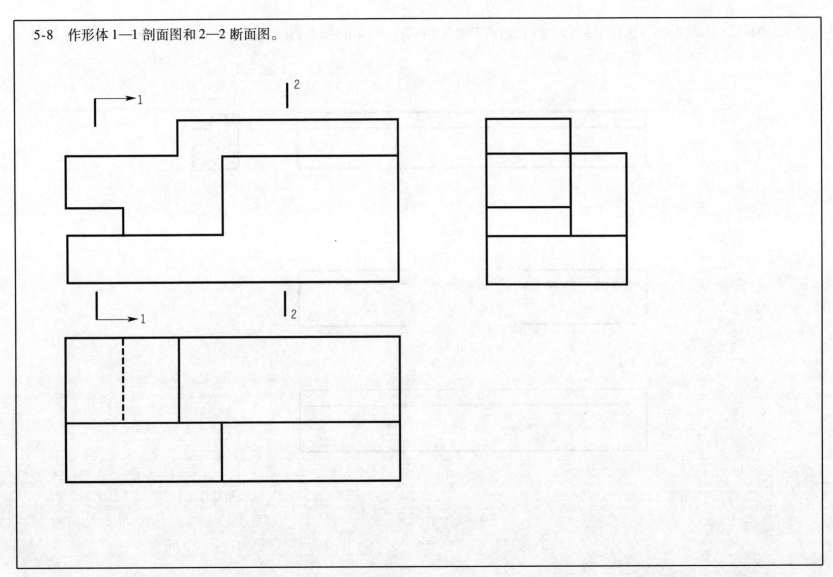

5-9 作出 T 形梁的移出断面图、重合断面图和中断断面图。

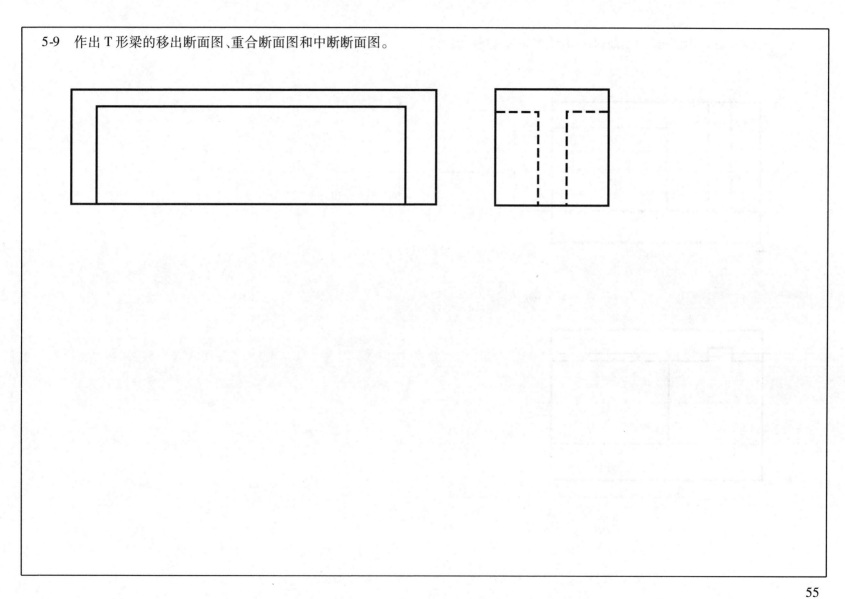

5-10 把涵洞立面图改作适当剖面图,并补绘侧面图(材料:混凝土)。

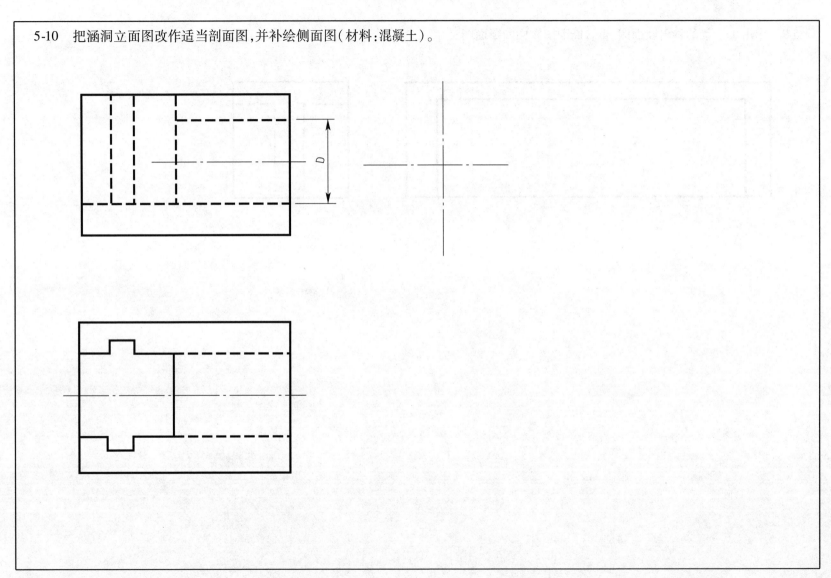

单元 6　公路工程图的识读

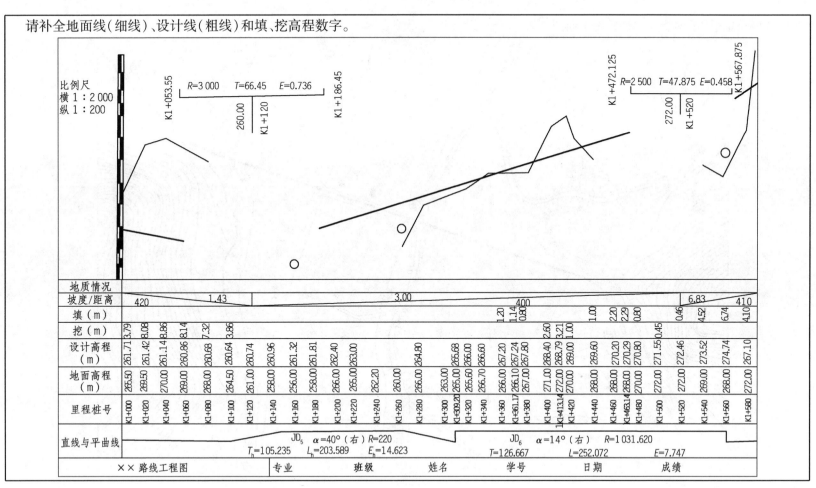

单元 7　桥梁工程图的识读

用 A4 图幅透明纸描绘××桥桥位平面图。

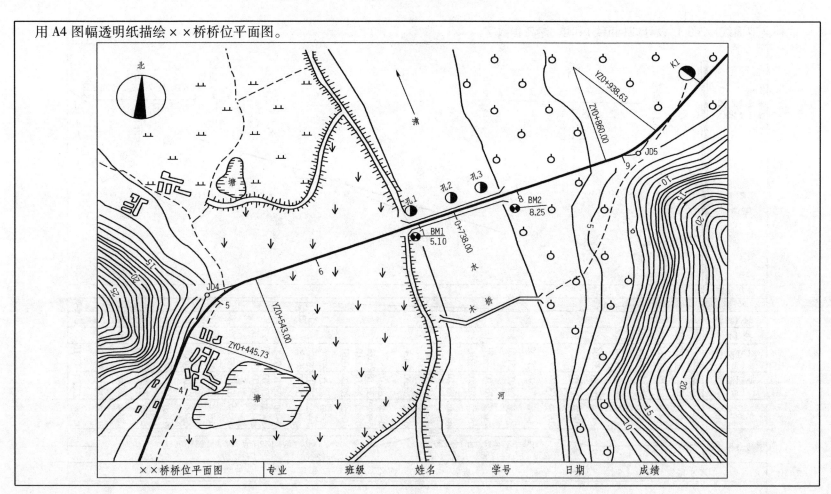

钢筋混凝土结构图

一、目的

了解钢筋混凝土结构图内容和要求,掌握结构图的绘图步骤和方法。

二、内容

抄绘《土木工程识图(道路桥梁类)》(第 2 版)第 7 单元图 7-5 钢筋混凝土梁结构图及表 7-6,并补画Ⅱ—Ⅱ断面图。

三、要求

1. 图纸:A3 图幅,图标格式大小与以前作业相同。
2. 图名:钢筋混凝土梁结构图。
3. 图别:专业制图。
4. 比例:1:50,其中断面图用 1:20。
5. 图线:墨线图。受力钢筋线粗 0.5~0.6mm,非受力钢筋线粗 0.3mm,尺寸线及轮廓线 0.1~0.2mm。
6. 字体:汉字要写长仿宋体。图线标题栏中的校名、图名及表格写 7 号,其余汉字写 5 号;日期、尺寸数字写 3.5 号或 2.5 号;断面图中小方格内钢筋编码数字写 2.5 号。

四、说明

1. 必须详细阅读教材第 7 单元有关内容,再进行绘图。
2. 要注意立面图上重叠的受力钢筋线,净间距为 0.5~0.6mm,上墨时要注意先从最外面的一条粗线画起,逐渐往里面画,保持均匀,避免钢筋线条混淆不清。
3. 钢筋弯钩、净距等均采用夸张放大来画,以清楚为度。
4. 由于立面图上钢筋之间净距以每根 0.5~0.6mm 排列,故对应钢筋成形图中同一编码的钢筋在画图时高度略有差异,但尺寸注写不变。

单元8 涵洞工程图的识读

一、目的

1. 熟悉一般涵洞工程图的内容和要求。
2. 掌握绘制涵洞工程图的方法和步骤。

二、内容

分题一 抄绘《土木工程识图(道路桥梁类)》(第2版)单元8图8-2所示的圆管涵端墙式单孔构造图。

分题二 抄绘《土木工程识图(道路桥梁类)》(第2版)单元8图8-4所示的钢筋混凝土盖板涵布置图。

三、要求

1. 图纸：A3图幅，图标格式和以前的作业相同。
2. 图名：

分题一 圆管涵端墙式单孔构造图；

分题二 钢筋混凝土盖板涵构造图。

3. 图别：专业制图。
4. 比例：

分题一 1∶30；

分题二 1∶40。

5. 图线：墨线图，基本实线粗0.6mm。
6. 字体：汉字要写长仿宋体；图纸标题栏中的校名、图名及表格名写7号，其余汉字写5号；比例数字写3.5号，拉丁字母写5号，尺寸数字写2.5号。

四、说明

1. 按 A3 图幅的规格,用 H 铅笔画底稿线,要求与上次作业相同。
2. 纵剖面图流水坡度为 1%,由于坡度较小,为简化作图起见采用水平线画出。
3. 路基覆土厚度 >50cm,具体数字根据作图而定。
4. 其他

分题一:
涵洞口的锥形护坡是根据长、短轴半径画 1/4 椭圆(中粗线),示坡线(细线)用尺子均匀画出。填土、防水层和钢筋混凝土的符号均采用 45°斜线,一定严格用 45°三角板均匀画出。

分题二:
基础底宽可在平面图量取,墙高尺寸可在纵剖面图中量取,并标注尺寸。